从电报到互联网的

发明

10 大通信发明

嘉兴小牛顿文化传播有限公司　编著

四川大学出版社

SICHUAN UNIVERSITY PRESS

项目策划：唐　飞　王小碧
责任编辑：唐　飞
责任校对：廖仁龙
封面设计：呼和浩特市经纬方舟文化传播有限公司
责任印制：王　炜

图书在版编目（CIP）数据

从电报到互联网的发明：10大通信发明 / 嘉兴小牛
顿文化传播有限公司编著 . — 成都：四川大学出版社，
2021.4
　ISBN 978-7-5690-4117-0

　Ⅰ . ①从… Ⅱ . ①嘉… Ⅲ . ①创造发明－世界－少儿
读物 Ⅳ . ① N19-49

中国版本图书馆 CIP 数据核字（2021）第 001330 号

书名　从电报到互联网的发明：10大通信发明
CONG DIANBAO DAO HULIANWANG DE FAMING: 10 DA TONGXIN FAMING

编　　著	嘉兴小牛顿文化传播有限公司
出　　版	四川大学出版社
地　　址	成都市一环路南一段 24 号（610065）
发　　行	四川大学出版社
书　　号	ISBN 978-7-5690-4117-0
印前制作	呼和浩特市经纬方舟文化传播有限公司
印　　刷	河北盛世彩捷印刷有限公司
成品尺寸	170mm×230mm
印　　张	5.5
字　　数	69 千字
版　　次	2021 年 5 月第 1 版
印　　次	2021 年 5 月第 1 次印刷
定　　价	29.00 元

◆ 读者邮购本书，请与本社发行科联系。
　电话：(028)85408408/(028)85401670/
　(028)86408023　邮政编码：610065
◆ 本社图书如有印装质量问题，请寄回出版社调换。
◆ 网址：http://press.scu.edu.cn

四川大学出版社
微信公众号

编者的话

在现今这个科技高速发展的时代，要是能够培养出众多的工程师、数学家等优质技术人才，即能提升国家的竞争力。因此STEAM教育应运兴起。STEAM教育强调科技、工程、艺术及数学跨领域的有机整合，希望能提升学生的核心素养——让学生有创客的创新精神，能综合应用跨学科知识，解决生活中的真实情境问题。

而科学家是怎么探究世界解决那些现实问题呢？他们从观察、提问、查找到实验、分析数据、提出解释等一连串的方法，获得科学论断。依据这种概念，"小牛顿"编写了这套《改变历史的大发明》——通过人类历史上80个解决问题的重大发明，以故事的方式引出问题及需求，引导孩子思索蕴藏其中的科学知识和培养探索精神。此外，我们也

希望本书设计的小实验，能让孩子通过科学探究的步骤，体验科学家探讨事物的过程，以获取探索和创造能力。正如 STEAM 最初的精神，便是要培养孩子的创造力以及设计未来的能力。

这本书里有……

发明小故事

用故事的方式引出问题及需求，引导我们思索可能的解决方式。

科学大发明

以前科学家的这项重要发明，解决了类似的问题，也改变了世界。

发展简史

每个发明在经过科学家们进一步的研究、改造之后，发展出更多的功能，让我们生活更为便利。

科学充电站

每个发明的背后都有一些基本的科学原理，熟悉这些原理后，也许你也可以成为一个发明家！

动手做实验

每个科学家都是通过动手实践才能得到丰硕的成果。用一个小实验就能体验到简单的科学原理，你也一起动手做做看吧！

目　　录

怎样让抄书的速度加快？

"哎哟，老大，你非得这么严厉吗？不就错了一个笔画嘛！居然要我把整块版的上千个字重新刻一遍，得花一天的时间呢！"

小毕是个雕版工人（雕工），在印书厂里，雕工们的工作是将每页的文本内容雕刻在一块梓木上，然后把雕好的雕版涂上油墨，再覆上纸张，就可以复制出许多内容相同的文本，这就是最早的印刷术。一本书有多少页，就得雕刻多少块版，每块版只要有一点微小的错误，就得把整块版重新再雕一遍，这使得雕工的工作效率很低。

"如果能在雕版上拿掉刻错的字，就用不着重新雕刻整块版了？"小毕望着手中那块只错了一个笔画就得重新再雕刻的版，心里这样想着。趁着空闲时间，小毕试着在雕版上修改错字。

"挖掉雕版上的错字，再补上正确的字，雕版变得高低不平，印出来又丑又不清楚。如果雕版是由一个一个字拼装起来的，要改一个字，就替换一个字，每个字都是活动的，修改起来就容易得多了。对，试试看。"

小毕喜欢思考和实践。他找来制陶用的黏土，先塑成长柱体，在底面刻一个字，然后用火烧烤，黏土泥柱就变硬了，而且表面光滑，印在纸上，字迹鲜明，就像盖印章一样。不过印书用的雕版上有千百个字，得把千百个字排列并固定起来，才能上油墨印刷啊！

"怎样才能将这么多字固定起来又可以拆换呢？"

小毕想了又想。他还到处探访，想要找到能够粘牢活动字的东西。一天，他突然看到集市上的商人用松香修补一件破损的木碟，他灵光一闪："对了，松香应该可以解决我的问题。"

小毕立刻买了松香回去，涂在板子上，用火一烤，松香融化成黏稠状，将"文本印章"竖立在板子上，松香凝固变硬后"文本印章"便牢牢固定，效果不错。小毕很开心，他找来一块大铁板，将一个个"文本印章"按照文意整齐排列，这块铁板就成了印刷用的雕版。要取出文本时，只要在铁板背面加热，松香融化变软，"文本印章"就可以轻易地拿下来，然后换上所需的字。如此一来，有错字的雕版就不需要丢弃了。可小毕还是不满意，一块雕版有千百个字，按行列排难免会歪斜，印刷出来不够美观。

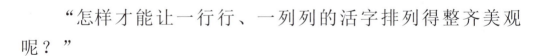

重刻！

"怎样才能让一行行、一列列的活字排列得整齐美观呢？"

小毕又想到了好点子。他找来细细的铁条排放在铁板上，活字就依序摆放在两根铁条中，摆满活字后再放下一根铁条，下一行字同样放在两根铁条中，直到整块铁板排满字，这样

雕版上的活字就能排得又整齐又
美观了。

　　小毕的活字印刷术是一
项伟大的发明，铁板、铁条
和活字都可以反复使用，经
常用到的字要多准备几个，冷僻
的字临时再雕刻。书印完之后，活字取下来，放入木格中保
存，等到要印下一本书时，再拿出来使用。雕工们以后的工
作除了重新雕刻活字之外，更多时间是捡字和排版，活字雕
版减轻了雕工们的工作强度，提高了他们的工作效率。

科学大发明——印刷术

印刷术是中国的四大发明之一，和造纸术共同促进了文化知识的普及，人类的文明因而能迅速传播。在印刷术还没有发明以前，复制书籍的方法主要通过手抄，效率非常低。

拓印可说是印刷术的前身。中国早在秦朝时期，就会将诗文刻在石墩上保存下来。纸张发明之后，人们利用拓印的方法复制石头上的碑文，比抄书的速度快了许多，这给了人们灵感，如果文本刻在一块板子上，不就能大量拓印下来？

在唐朝，中国人发明了雕版印刷术，先是找到质地细密的木材，裁成板状，在板子上雕刻凸出的文本，然后涂上油墨，覆上纸张，文本便转印在纸上。一本书有多少页就雕多少块版，最后将每一页汇集起来装订成册，就成了一本书，速度比抄书快了许多。到了宋朝，有个叫做毕昇的雕工，他发明了活字雕版，也就是一块雕版由雕工将一个个可活动的字挑捡出来，组成一页的文本内容，解决了一块雕版上有错字，整块雕版都得重新雕刻的问题。这比起西方的活字印刷术早了将近 400 年。

毕昇的木制活字雕版由雕工依序挑捡出事先刻好的文字，一个个排列成文句，完成一页内容。

德国人谷登堡发明铅活字印刷机，用金属铅制作活字，寿命比木制活字更长。

德国人谷登堡大约在公元1445年发明了活字印刷术，他是以金属制作活字，并发明制作一款可以转动的木制印刷机器，只要上了油墨，转动印刷机，复制的内容便一张张地印刷出来，比手工印刷更快速。谷登堡发明的印刷术让欧洲的知识传播速度加快，引发了后来的文艺复兴、宗教革命和科学启蒙，被认为是现代史上的重要发明。现代印刷术已经发展为电脑制版，活版印刷术成为即将失传的古老技艺。

发展简史

2300年前

秦汉时期，重要的典籍都刻在石碑上，一方面可以永久保存，另一方面供人们抄写或拓印。

11世纪

宋朝人毕昇发明活字印刷，他在胶泥上刻字，用火烧硬后，排列在版上再涂油墨印刷，修改时只要将活字取下替换，是世界上最早的活字印刷术。

1445年

德国人谷登堡发明活字印刷机，他以金属制作活字和可转动的印刷机，印刷速度更快，并开始用其排印书籍，促进书籍的普及。

1980年后

电脑图文处理系统逐渐普及，键盘输入轻松完成过去一个个捡字、手动排列的工作，文本编排由活版印刷进入电脑排版时代。

什么是平版印刷？

现代印刷技术可以印出色彩丰富、层次分明、清晰柔和的彩色印刷品，要归功于平版印刷。什么是平版印刷？古时候的印刷术是在雕版上刻上左右相反的文本，字体突出约 1~2 毫米，上油墨后，油墨就沾在凸出的字体上，覆上纸张印出文本，凹的地方沾不到油墨，就空白，这样的印刷方式称为凸版印刷。

平版印刷机内部构造

上墨滚筒
水槽
印板滚筒
进纸方向
橡皮滚筒
压力滚筒

压力

平版印刷的印版上，图或文既不凸出也不凹下，和空白部分处于同一平面，没有凹凸的面，油墨怎么显现在纸上呢？靠的是水。利用油水不相溶的原理，印刷时，先让印版空白部分涂上水，形成抗阻油墨吸入的水膜，再于图文部分涂上油墨，如此一来油墨吸附在图文上，转印到纸张上时，就只出现图文部分的油墨，没有油墨的地方就是空白。

平版印刷用的印版多使用金属铝板，设备在滚轮式印刷机上，随着滚轮转动，将铝制印版上的油墨压印在纸张上，滚轮不断滚动，一张张完成印刷的纸张从滚轮下掉出来，速度很快，大量印刷也成了平版印刷的一个特点。

平版印刷机能大量且快速地印出色彩丰富、层次分明的印制品。

海绵印章

在雕版或泥土上刻出需要的文字，然后拓印在纸上就是早期的印刷术了。我们也来尝试制作小印章。

拿出白纸，把小印章拓印上去，就印出了各种不同的图案。

材料

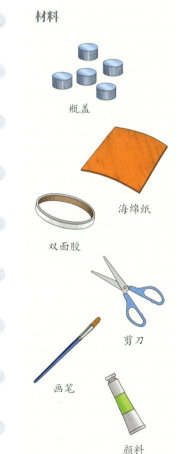

瓶盖

海绵纸

双面胶

剪刀

画笔

颜料

步骤

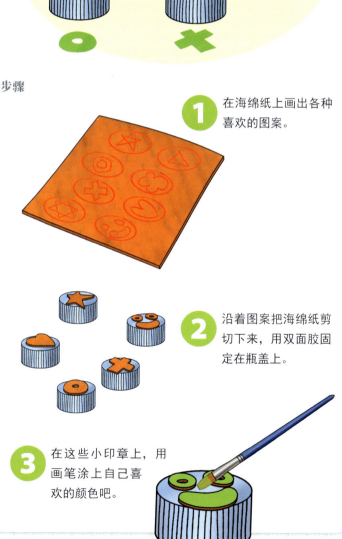

1 在海绵纸上画出各种喜欢的图案。

2 沿着图案把海绵纸剪切下来，用双面胶固定在瓶盖上。

3 在这些小印章上，用画笔涂上自己喜欢的颜色吧。

消息怎么快速传播？

"怎么回事，摩尔斯你不画画，要改行当科学家吗？看看你的画室，桌上摆满了电线、电池、磁铁，都快要变成实验室了。"朋友来拜访摩尔斯，惊讶地大声嚷嚷。

"嘿，我告诉你，这次在欧洲旅行的时候，正好有个机会参观一个俄国人发明的新机器，磁针在通电时会发生偏转。电流的强弱不同，磁针偏转的角度也不同，从而指示不同的字母或数字，他说这种机器叫做电报机，也就是利用电流传递消息的机器。我觉得他发明这种机器的点子很好，可是就是电线太多、指针太多，太繁复了，我想把他的电报机改善得更好、更简便。"

太神奇了！电流通过，磁针就转动了。

"在回程的船上，我遇到一个很有学问的医生，他跟我说了许多有关电、磁的有趣现象，我现在满脑子都是电和磁的问题，赶都赶不走，没办法，我现在一点儿也不想画画了，只想研究电的学问。我想……我想发明电报机。"

"这……能成吗？你是个画家，对科学是门外汉，连入门基础都没有，怎么研究电？电报机是什么玩意儿？"

摩尔斯的朋友嘴巴张得老大，以为摩尔斯吃错药了，一个画家能变成发明家吗？然而事实证明，摩尔斯想发明电报机不是三分钟热度，他勤奋地阅读电磁方面的书籍，有不懂的地方就去请教专家，他把时间都花在学习电磁学的知识上，把画画放到一边去了。

摩尔斯对于发明电报机的狂热，是因为消息传递太慢曾给他留下极大的遗憾。当年，要是能早一点知道妻子病重，他就能赶紧回家，见妻子最后一面。他相信要是电报机能普及，一定会让很多人不再发生遗憾。摩尔斯现在已经可以制作他当年参观的那种电报机了，不过，要怎么才能把它改善得更简便呢？

　　"英文有 26 个字母，指针通电 1 次表示 A，通电 26 次才能表示 Z，光就表达一个字母，就得通这么多次电才行，更别说表达一条消息要多繁复了。若不指出字母，文本内容又该怎么表示呢？"为了找出电报机不用字母拼出内容的方法，摩尔斯白天也想，夜晚也想，他想了几种方式，在画纸上画了好几种结构，但都不满意。

　　想不出更好方法的摩尔斯，呆呆地坐在实验设备前，无意识地压一下按钮，看着指针动了一下，放开按钮，指针又回到原点。按下，指针动；放开，指针不动。动、停、动、停，动动停，动停动，动动动，突然摩尔斯脑中灵光一闪，他坐直了身体，眼睛放光。

"有了，电流接通、电流中断、电流时间长短不同，对应不同的数字和字母，这样电报机连指针都不需要了，对，这个方法一定行得通。"

摩尔斯兴奋地将他的想法告诉好朋友，两人一起脑力激荡，想出了送出电流的代表意义，按下电键的时间短就代表"点"，按键的时间长就代表"划"，手抬起来不按电键就代表停顿。点、划、停顿的组合，对应不同的字母和数字，接收到电流信号，把不同长短的符号记录下来，找到对应的字母、数字，便可以"翻译"出消息的内容。这套方法不需要指针指出字母，当然也就不需要太多的电线，摩尔斯果真实现了自己的梦想，发明了快速传递消息的电报机。

科学大发明——电报机

电在电线中的移动速度飞快，一秒钟可以绕地球 7 圈半，靠着电流的帮助，远方的接收端在很短的时间内就能收到电流发送的信号。电报是最早用电进行远距离通信的，取代了过去用马、火车、轮船等交通工具传递消息的方式。以电传递消息原本只是个梦想，直到 1820 年丹麦物理学家奥斯特以电流生成磁场的实验，揭开了电信时代的序幕，电报、电话、无线电广播、超音波通信等，都是以电流生成磁场的原理为基础而发明的。

从 1829 年俄国人希林发明电磁式单针电报机开始，电报机以电流磁针偏转的原理不断改良，但总脱离不了让磁针指向 26 个字母和 10 个数字来拼凑出消息的框架，一个字母得连接一条电线，电报机便显得庞大而繁复。

1837 年，美国人摩尔斯发明一套传递消息的密码，电报机终于有了突破性的改良。摩尔斯利用有规律地中断电流作为发送消息的信号，接收端收到由点、划和停顿组合而成的信号后，再找出对应的字母和数字，便能组成消息的内容。摩尔斯电码具有简单、准确而且经济实惠等特点，很快便成为国际性通用的消息传递通则，电报机也以摩尔斯电码来发送消息。

伊利湖　水牛城　匹兹堡　巴尔的摩　华盛顿

摩尔斯发明的电报最初传递距离很短，经过不断测试、改良，摩尔斯终于成功发送了一条相隔 64 公里的长途电文。

电报机要发送消息，传输电流的导线是必需的，也就是说，导线到达哪里，电报才能发到哪里。1844 年一条位于华盛顿和巴尔的摩之间的长途电报线架设成功，摩尔斯向 64 千米之外发出历史上第一条长途电报电文："上帝创造了何等奇迹！" 1850 年在英国和法国之间铺设了历史上第一条海底电缆，人在伦敦可以发电报给巴黎的友人，从此人们发送电报的距离更远了。

摩尔斯电报机

摩尔斯电报机包括发射信号和接收信号的设备，按下发射信号机的按键，就是接通电流，接收器那端会收到"嘀"一声的声响，放开按键电流就中断，接收器就没有声音，利用流通声音的长短和中断，就能组合出不同的信号，接收端再将密码转译成文本内容。

1829 年

俄国人希林发明了电磁式单针电报机，接受信号的一端根据磁针偏转的情况转译出传输方的消息。在单针式电报机的基础上，也有双针式、五针式电报机的设计。

1837 年

美国人摩尔斯发明一套传递消息的密码，称为摩尔斯密码，使用电报机利用该密码有规律地中断电流来实现信号传递，摩尔斯密码由点、划和停顿组合而成。

1864 年

传真机发明，能将文档内容完整复制并发送到远方，不需要电报解码的过程。1929年热感应纸传真机问世，便利的功能取代了电报机。

1969 年

世界上第一封电子邮件发出，文档内容以互联网传输，取代了传真机。

如何向远方的
亲友说话？

在电话发明前，就算是同住在一个屋檐下的家人，想传达消息都必须直接接触，这对于行动不便的人来说可是一大困扰。200多年前，一名来自意大利裔的美国人穆奇，就面临这样的窘境。

"哎呦，好痛啊！"穆奇的妻子爱斯特丽不幸得了类风湿性关节炎，她病得很严重，每天只能躺在床上。

"亲爱的，你还好吗？"听到爱斯特丽喊痛，穆奇关心地赶紧凑上前去。

"我还挺得住，反而担心你。这些日子以来你为了陪我，工作都耽搁了，你别管我了，赶快去工作室做研究吧！"

"看到你这个样子，我怎么能够丢下你不管呢？"

原来，爱斯特丽的房间在二楼，而穆奇的工作室却在地下室。相隔两层楼的距离，万一妻子发生了什么事情，在房间里无论怎么喊叫，穆奇都不可能听到。有没有什么方法，可以把妻子的声音从二楼传到地下室呢？

"对了！前几年发明的电报，不是利用电流传递信号吗？既然电流能传递信号，或许也能传递声音呢！"

穆奇想起几年前自己在进行电疗研究时，曾将一个金属片放在进行治疗的朋友口中，他自己则在另一个房间，朋友嘴里的金属片和穆奇身旁的仪器由电线相连接。当朋友大叫的时候，他的声音竟然通过电线，传进穆奇的耳里。穆奇心中萌生

了一种想法：如果将这样的设备移到家里，就可以隔着两层楼和妻子沟通了。

"金属片能够导电，让我通过电线听见朋友的声音，我来设计一个可以传导电波信号的设备，再将电线从地下室连接到二楼。"

穆奇有了这样的念头之后，马上动手在家中架设起一套电流传声系统。经过几次尝试，他做出能转换声波的发话

器，当妻子说话时，声音的振动会使气流产生变化，借由发话器转成电流，再通过电线传到地下室的，有了这套系统，妻子在房间里发生任何状况，都可以立即通知在地下室工作的穆奇，这就是世界上第一套电话系统。

1860 年，穆奇首次将他的发明公开在报刊上。可惜的是，穆奇因为没有钱，英语也不流利，没有能力推广自己的发明，电话并没有受到社会大众的注意，却吸引了不少科学家的目光。很多人纷纷开始研究电话，这也引起一场激烈的电话专利

权争夺战。1876 年，电话专利权正式由一名英国裔的美国人取得，也就是大家熟悉的电话之父贝尔。

　　贝尔不但成功申请到电话专利，也利用稀硫酸改良了电话品质，使得声音传递得更清晰。更重要的是，他在大城市之间架设电话线路，成立贝尔电话公司，将电话推广给社会大众，电话很快成为一般家庭的必备用品。今天，我们拿起话筒，就可以方便地和海外亲友沟通联系，可要好好感谢穆奇和贝尔的贡献呢！

科学大发明——电话

　　我们的耳朵能够听到声音，是因为发出声音的物体在振动，借由空气将振动发送到耳朵中，振动消失，声音就没了。而振动的能量会随着距离增加逐渐减弱，相隔太远，我们就听不到对方声音。有没有什么方法能让远方的人听到自己的声音呢？

　　19世纪的科学家意识到电学的应用非常广泛，既然电报机能借由电流发送信号，那么能不能将声音转化为电流信号、用电线传递出去，电流信号在另一端再次转化为原来的声波呢？第一个将这样的想法付诸实践的人，是意大利裔的美国发明家安东尼奥·穆齐，他在自己家中架设电话线路，借此和住在楼上的妻子通话。几年后，德国物理学家菲利浦·赖斯也做出发话器和收话器，能够将声音的振动转成电流。

　　当时电话虽然已经被开发出来，然而重现声音时总有其他杂音的干扰，听到的声音不很清楚。

　　1876年亚历山大·贝尔申请到电话专利后，

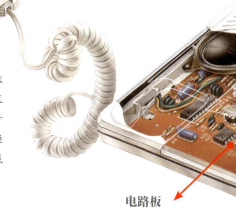

收话器

收话器的功能是将电流变成声波，由对方发话器传来的电流，让电磁铁生成磁力推动膜片，随着电流的强弱让膜片振动，还原为声音，作用就像喇叭或耳机。

发话器

发话器里面有一个薄膜状的振动板，振动板背面装有电路，能将说话时声音振动生成的空气压力转换成电流信号，随着电话线发送到对方的收话器中。

电路板

致力改良电话的传声距离和品质，并成立电话公司，在各大城市间架设远距离电话线路，电话通信开始普及在一般民众的生活中。

1876年美国人贝林纳发明了碳精电极麦克风，麦克风的正式名称叫做传声器，是一种将声音转换成电子信号的转换器。麦克风的发明提高了收音的效果，并且使声音更加清晰，贝尔知道后相当兴奋，于是买下麦克风的专利，将麦克风装在电话中，使之成为电话构造重要的核心。它也改善了电话品质。

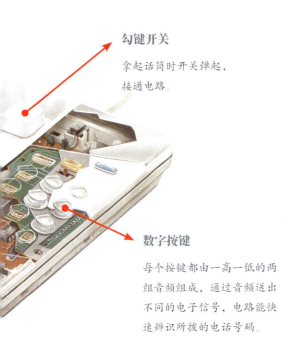

勾键开关

拿起话筒时开关弹起，接通电路。

数字按键

每个按键都由一高一低的两组音频组成，通过音频送出不同的电子信号，电路能快速辨识所拨的电话号码。

1860年

意大利裔美国人安东尼奥·穆齐在美国纽约展示了他发明的对话通信器。

1876年

英国裔美国人贝尔取得了麦克风专利，并且改良电话品质，声音能通过电流，清晰地发送到听话者的耳中。

20世纪初期

1904年美国有300万电话用户，1915年美国东西两岸的纽约和旧金山两地长途电话开通，当时是靠人工接线员连接线路。电话开始普及于一般民众的生活中。

科学充电站

电话是怎么接通的？

电话是现代生活中不可或缺的通信工具，它让我们能超越空间限制，和远方的亲友通话。相隔两地的电话是怎么接通的呢？

早期的电话只有一个按钮，按下按钮之后，电话统一由转接站的接线员接起，告诉接线员你想和哪个地区的哪个电话号码的人通话，接线员就会把双方的电话线路接通。20世纪中叶以前，大多数的电话都是由接线员人工操作接通的。

早期的电话都是由接线员手动接通，这个任务现在由电话按键和交换机取代。

后来发明了拨盘式的自动电话，拨号时每个数字旋转不同的弧度，数字越大，送出的电流越大，电信公司的自动电话交换机便根据不同的电流信号辨别号码和通话的对象。20世纪60年代末期出现了按键式电话，每一个数字键按下时会发出不同频率的声音，电信公司则依据不同的频率组合辨别电话号码，再选择接通通话的对象。

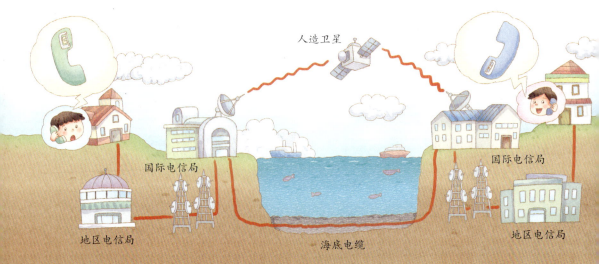

人造卫星

国际电信局

国际电信局

地区电信局

海底电缆

地区电信局

当我们想和国外亲友通话时，要先在电话前加上国际冠码，这时交换机会自动把电话引到长途线路，由国际电信局负责转接到国外。

简易传声筒

电话让我们能听到远方朋友的声音，也可以传话给他们。我们用纸杯就可以做出一个简易的传声筒，与你的朋友一起来试试吧！

跟你的朋友一人拿一个纸杯，拉开距离让棉线拉紧，一个人对着话筒轻轻说话，另一个人就可以从纸杯听到说话声喔！

材料

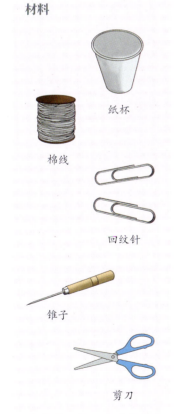

纸杯

棉线

回纹针

锥子

剪刀

步骤

1 用锥子在两个纸杯底部钻一个孔。

2 剪一段棉线，穿过两个纸杯底部。棉线长度约 30 厘米，可以依照自己的需求增加长度。

3 棉线的两端绑上回纹针，传话筒就完成了。

没有电线，电也能发送出去吗？

"马可尼，该吃饭了！"

马可尼在他的小阁楼里专注地摆弄着桌上的一堆实验器材，连家人喊他吃饭的叫声都没听到，他不断思索，如何将电线摆到最适当的位置。灵巧的手指随着大脑的指挥将电线位置做了细微的调整，希望这次感应线圈能发挥功能。

马可尼通上电流，摒息以待，"成功了，磁针转动了！"

沉迷于电学的马可尼最大的梦想，是让电信号能在空中传递，不受高山、海洋、森林等的阻挡，发送到遥远的地方。他知道要实现这个梦想并不容易，他得学习更多的电学知识。

　　"接下来，我要将金属球之间的电火花发送到相隔 10 米的另一端的金属圈中，赫兹做得到，我应该也做得到。"

　　电磁波是可以在空气中传送的波，当他读到德国物理学家赫兹成功证明电磁波存在的实验时，马可尼联想到，如果想不靠电线就能传递电信号，一定就要靠电磁波了。马可尼兴致勃勃地一次又一次试验着，终于成功复制了赫兹的实验，但是他并不满意，实验室里电信号能传递的距离才 10 米，离他的梦想还远着呢！

太好了，电流成功传过去了！

"咦，金属粉末检波器，这是什么新玩意儿？"

马可尼不只是努力实验，也勤奋读书做功课，他读到法国物理学家布朗利所做的电流实验：当电流通过时，金属粉末会受到吸引全都聚集起来。马可尼想着：如果用这个设备来检测电

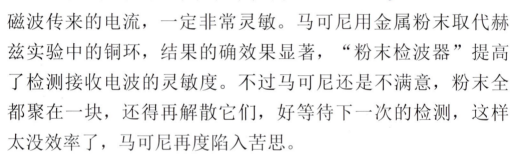

磁波传来的电流，一定非常灵敏。马可尼用金属粉末取代赫兹实验中的铜环，结果的确效果显著，"粉末检波器"提高了检测接收电波的灵敏度。不过马可尼还是不满意，粉末全都聚在一块，还得再解散它们，好等待下一次的检测，这样太没效率了，马可尼再度陷入苦思。

"有了，磁铁不是能吸引金属吗？加一个电磁铁，不就能吸走聚在一起的金属粉末了吗？"马可尼再度解决了这个难题，向着目标又迈进了一大步。

接收器的性能提高了，电信号接收的距离不断增加，从这个房间传到另一个房间，又从阁楼传到一楼，但再远就接收不到了，问题出在哪里

呢？马可尼不断调整他的实验方式，思考解决问题的方法。这天，他把发射器做了一番调整，拿掉外侧的两个球，改用两块金属板取代，没想到发射的电信号传了几百米，他继续尝试改变金属板的位置，发现金属板挂得越高，电信号发射得越远，马可尼非常兴奋，到底金属板可以让电波发射到多远的距离呢？从这块田到那块田，成功！从这座葡萄园到另一座葡萄园，又成功！电磁波可以越过山峰，到山的那一边吗？

马可尼站在阁楼窗前，望着对面的山丘，接收器就立在那里，只等自己按下发射器的按钮。发射出的电磁波如果顺利被接收到，山丘上的哥哥将会放枪通知他。"砰！"当他按下按钮后，不到 3 秒钟的时间，哥哥便传来实验成功的枪声，电磁波以光的速度迅速飞越广阔的田园，抵达山丘，被接收器接收到。马可尼激动极了，他知道，自己离梦想越来越近了。

科学大发明——无线电

电流的发送一般都是通过导线，也就是电线，没有了电线，电也能发送出去吗？可以的，这就是无线电。无线电又叫做电磁波，电磁波在空气中是以波动的方式传播，就像水波、海浪一样的形态前进。肉眼看不到电磁波传播，科学家是怎么知道的呢？

1820 年，丹麦物理学家奥斯特发现电流能使磁针发生偏转，开启电与磁相互作用的研究先河。1831 年，英国物理学家法拉第从电磁感应的实验中发现，变化的电场能生成磁场，变化的磁场又能生成电场，电生磁，磁生电，这样相互作用循环下去，电场和磁场就越传越远，共同构成电磁场。1850 年，英国物理学家麦克斯韦以数学算式导出一组简洁的方程式，说明电磁场能够以波的形式，在空间进行无线传播，发送的速度和光速一样快，只是他的理论当时还没有实验证明。

无线电信号跨越陆海空的地理障碍，广泛应用在电话、电视、广播、导航、雷达、卫星通信、紧急救援、天文学等各领域。

天线能将电流与电磁波相互转换，是负责发射和接收无线电信号的重要设备，图为俗称小耳朵的高功率碟形天线。

1886 年，德国物理学家赫兹根据麦克斯韦的理论设计了电磁发射器和探测器，通过实验成功证明电磁波的存在。1895 年，意大利工程师马可尼根据赫兹的实验，进一步让电波信号发射 2.7 公里远，突破了传递电信号必须使用电线的障碍，使没有电线的无线电通信成为可能。他不断地改良无线电通信设备，1901 年，无线电信号成功飞越了 3200 公里的大西洋，实现了人类历史上第一次远距离无线电通信，人们尊称他为"无线电之父"。无线电用途广泛，运用在电话、电视、广播、导航、雷达、卫星通信、紧急救援、天文学等领域，成为现代科技不可或缺的电讯技术。

1831 年

英国物理学家法拉第通过电磁感应的实验，证明电与磁可以相互转换，电生磁，磁生电，他的理论为大规模电力提供了基础。

1895 年

意大利工程师马可尼成功地发明了一种可以发射无线电的装置，并发出第一个跨越一座小山距离的无线电信号。

1898 年

英格兰海岸附近发生海难，船只以无线电发出求救信号，成为历史上第一个以无线电救援成功的纪录。

什么是电磁波？

　　电磁波对现代化的电子设备具有重要意义，如电磁炉、微波炉、电视、手机、吹风机等所有电器用品都会生成电磁波，同时也靠电磁波传递驱使电器发挥功能，电磁波在 21 世纪的生活中可以说无所不在。

　　电磁波来自带电的粒子，变化的电场能生成磁场，变化的磁场又生成电场，电生磁，磁生电，这样相互作用循环下去，在空间中就形成一种波，这就是电磁波。电场与磁场不停振动、相互感应，能够无止境地穿越真空，不需要任何介质，以每秒 30 万公里的光速前进。

　　由于电磁波是一种波，以振动频率分类，无线电波、微波、红外线、可见光、紫外线、X 射线都是不同频率的电磁波。为了纪念证明电磁波存在的德国物理学家海因里希·赫兹，电磁波频率就以赫兹为单位，每秒振动一次是 1 赫兹，无线电波的频率在 3 赫兹到 300 兆赫兹之间。

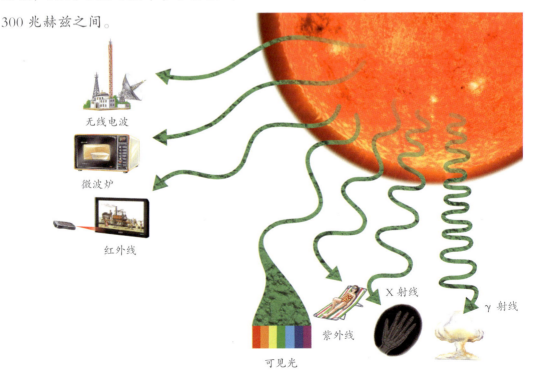

无线电波

微波炉

红外线

可见光

紫外线

X 射线

γ 射线

无线电发射器

无线电台发射无线电波，雷达天线接收到这些无线电波后可以获取里面的信号。我们来做一个小型的无线电波发射器吧。

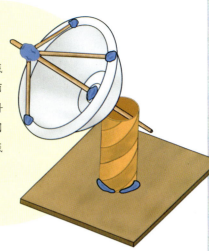

将前面的雷达天线与底座结合，保丽龙碗底部的竹筷斜插进纸筒里并固定，做出接收无线电波的雷达模型。

材料

竹筷

保丽龙碗

厚纸板

纸筒

保丽龙胶

黏土

剪刀

步骤

1 将一根竹筷贯穿过保丽龙碗底部的正中央。

2 将三根竹筷分别截成两截，用黏土将一截竹筷的一端粘在保丽龙碗的边缘，另一端黏在中央的竹筷上，做出雷达天线。

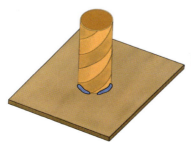

3 剪出一个边长15厘米的方形纸板，在中间立起纸筒并粘住，形成底座。

电波信号
怎么放大？

有一年夏天，国际快艇比赛在美国举行。

"德福雷斯特，有个国际快艇比赛，要不要去看看？听说这次请来了意大利的发明家马可尼，要用他新发明的无线电设备报道比赛，很酷吧！"

"用无线电来报道！这么厉害，那我一定要去看看！"

"德福雷斯特你是学机械工程的，你一定可以看出那个无线电设备有什么门道。"

快艇比赛这天，德福雷斯特和朋友早早就赶到现场，看着马可尼为民众进行无线电通信报道，电信号就这么穿越空气到达远在数十公里外的那端，德福雷斯特和所有的民众都感到非常惊奇。比赛结束了，德福雷斯特走到无线电发报机前，目不转睛地看着这架神奇的设备，他伸出手去触摸一个装有银灰色粉末的玻璃管。

"这是金属粉末检波器。"

背后传来醇厚的声音，原来是马可尼先生。

"看来你眼光独到喔，一眼就瞧见了接收无线电的关键零件。"

你真厉害，一眼就发现了整台机器的关键。

"……"德福雷斯特说不出话来，他只是碰巧碰了那东西，根本不知道那东西是做什么用的。

"虽然我提高了接收无线电波的灵敏度，但接收高频率的电磁波依然很不稳定，改进检波器的空间还大着呢！"马可尼热情地解说他的无线电设备，德福雷斯特虚心求教，二人聊得非常愉快。

和马可尼分手后，德福雷斯特就投入检波器的研究，然而两年过去了，他试过了各种材料，没有一个能突破马可尼的检波器。

"听说爱迪生发明灯泡前测试了 6000 多种材料，我测试的材料还没他多。德福雷斯特，你可以的。"德福雷斯特给自己打气，继续努力。

一天，德福雷斯特的朋友带来了一则有关科学界最新发明的新闻。

"德福雷斯特，最新消息，英国物理学家佛莱明发明电子管。德福雷斯特，你不是在研究检波器吗？佛莱明已经发明出新的检波器了，你之前的努力都白费了。"朋友一脸担心，深怕德福雷斯特受不了这个打击。

"原来关键在真空啊，玻璃管里的空气得抽掉才成。喔，我的好友，不用担心我。佛莱明的发明真的很厉害，我很佩服。我有个想法，以电子管的原理，想办法让侦测到的电信号放大，我要发明的是一款放大信号的检波器。"

德福雷斯特没有受到任何影响，反而兴致勃勃地进入实验室。他仿制了几个电子管，然后在电子管中做了些改变，在不断实验的过程中，他发现只要在灯丝和金属片之间多加一个网状的栅极，接上负电压，可调整电流的大小，栅极微小的变化，能使金属板的电极产生明显的变化，电信号因此而放大，信号放大器果真成功做出来了。

在佛莱明发明的电子管中多加一片栅极的电子管称为"三极管"，由于能放大电信号，同时能灵敏地接收到电波，被广泛使用在无线电波接收器上。1921 年，世界上第一个无线广播电台在美国匹兹堡成立，接收无线电波的收音机开始普及。

科学大发明——收音机

　　小小一台收音机，只靠两个旋转钮，一个调整音量，另一个调整频率，就可以收听不同电台的广播节目，包括新闻、故事、相声、音乐、评论等各式各样的节目，让我们的生活增添许多乐趣。收音机的诞生首先要感谢无线电的发明人马可尼，使声音可以通过无线电发送出去；其次要感谢的是发明"电子管"的佛莱明，有了电子管，收音机才能稳定地接收到各种频率的无线电波。电子管的发明开启了20世纪电子时代，电视、雷达、电脑、X光机等，几乎所有的电子产品都有电子管的身影，直到被半导体所取代。

　　马可尼在研究无线电的过程中发现，无线电可以发射各种不同频率的电磁波，但是接收器不一定能接收到，尤其是高频率的电磁波更不稳定，要怎么样才能提高接收器的灵敏度呢？他就这个问题请教了当时在大学担任教授的佛莱明。佛莱明也绞尽脑汁，他想起了"爱迪生效应"：灯泡中炽热的灯丝会让电子游离，跳跃到金属片的正极，而生成电流。佛莱明利用这个原理，抽去灯泡中的空气，使之处于真空状态，再用金属片包住灯丝，通电时在金属片的正极施以较高的电压，当天线接上这个真空管，便能接收到高频率的无线电波，接收器的灵敏度提高了，马可尼的问题解决了。这个真空管就是电子管。

20世纪50年代的收音机。

1906 年，德福雷斯特改良佛莱明的电子管，发明三极管。三极管是在电子管中加一片栅栏状的金属，就像加了一道闸门，可以控制电子流量，并且电子朝同一方向流动，因此能加强和放大电信号。无线电接收器有了三极管，能清楚地接收各种频率的无线电波，收音机因此诞生。

电子管又叫做真空管，最早是来自爱迪生改良的灯泡，由于电子在放射过程中会和空气分子相撞而生成阻力，将空气排除后成为真空状态时，就能提高电子的放射效率。

1894 年

意大利工程师马可尼开始研究远距离无线电传输，并于隔年成功发送电波至 2.7 公里远的距离。

1904 年

英国物理学家佛莱明为提高无线电接收器的灵敏度而发明了"电子管"，这项关键的发明促使后来收音机、无线电话的诞生。

1906 年

美国发明家德福雷斯特改良佛莱明的电子管，发明三极管，它能将电子信号放大，成为收音机的核心组件。

1954 年

第一款民用晶体管收音机问世，收音机体积得以缩小。当时价格昂贵，直到 1960 年价格下降，收音机才开始普及。

科学充电站

收音机怎么收听到广播节目？

地球上有许许多多的无线电波，打开收音机就听到各种声音混杂在一起，什么也听不清楚，这时选台钮选择某个 AM 电台或是 FM 电台，就能听到清楚的广播节目，AM 和 FM 是什么意思，有什么区别？

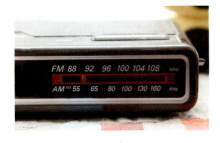

AM 与 FM

AM 指的是调幅，功能是调整无线电波的振幅，成为人们可以听见的频率；FM 指的是调频，功能是将高频率的无线电波，转为人们可以听见的频率范围。

声音是物体振动生成的声波，传播到耳朵让我们听见。声音包含三个要素：一是声波的振幅大小，影响声音的强弱；二是声波的频率，影响声音的高低；三是声波的波形，影响音质的特色。不同频率的无线电波，大部分是人耳听不到的声音，包括频率太高或太低，或是振幅微弱的声波。因此当收音机的天线接收到无线电波时，会将频率和幅度调整成人耳能够听到的范围，AM 指的是调幅，FM 指的是调频。一般调幅 (AM) 电台的频率在 550 千赫兹～1600 千赫兹，调频 (FM) 电台的频率在 88 兆赫兹～108 兆赫兹，杂音较少，播送音乐以 FM 效果较好。

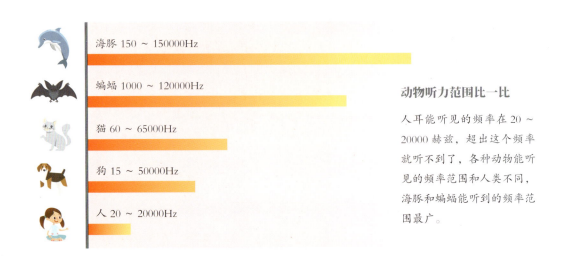

海豚 150～150000Hz

蝙蝠 1000～120000Hz

猫 60～65000Hz

狗 15～50000Hz

人 20～20000Hz

动物听力范围比一比

人耳能听见的频率在 20～20000 赫兹，超出这个频率就听不到了，各种动物能听见的频率范围和人类不同，海豚和蝙蝠能听到的频率范围最广。

自制喇叭

收音机接收到电波信号后通过喇叭把声音放出来，我们也可以试着自己做喇叭来播放音乐。

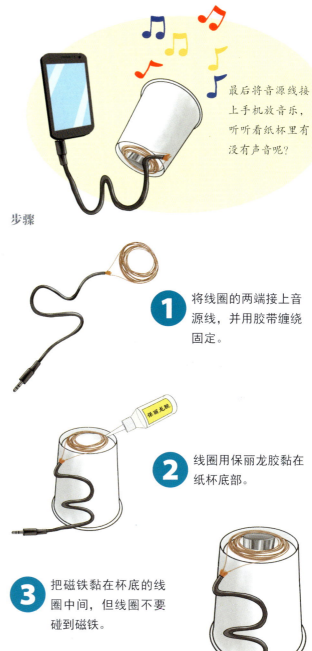

最后将音源线接上手机放音乐，听听看纸杯里有没有声音呢？

材料

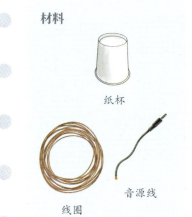

纸杯

线圈

音源线

强力磁铁

保丽龙胶

胶带

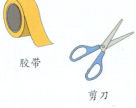

剪刀

步骤

1 将线圈的两端接上音源线，并用胶带缠绕固定。

2 线圈用保丽龙胶黏在纸杯底部。

3 把磁铁黏在杯底的线圈中间，但线圈不要碰到磁铁。

怎样用电发送影像？

放学了，学校里的学生几乎都回家去了，在一间教室内还有一名学生在黑板上涂写着什么。正在巡视校园的物理老师托曼心想，是哪个调皮的学生不回家，在教室里乱涂鸦？走进教室，托曼老师吓了一跳，黑板上涂涂写写的内容远超出一般高中生的文化程度，托曼老师悄悄走到黑板前的座位坐下来，静静地注视学生演算。

"呀，吓我一大跳！老师您怎么一声不响地坐在这里？"法恩斯沃斯写完后，一转身看到了托曼老师。

"法恩斯沃斯，你在黑板上写的是什么啊？这好像都不是课本里的内容啊！"

　　"没错，我想了解有关电子学的知识，这是从其他书上看来的。"法恩斯沃斯得意地说。

　　"法恩斯沃斯，你要不要跟我说说黑板上写的内容。"托曼老师很诚恳，没有一丝的嘲笑。

　　"老师，您听收音机吧？会不会觉得很神奇，声音竟然可以利用电磁波发送到远方，让其他人听到。我在想，利用电磁波发送，影像是不是也能同声音一样，让远方的人们看到呢？我想发明一个摄像管，光源经过透镜，将物体的影像聚焦到感光板上，感光板再将一个一个像素转换成电子信号，发送到阴极射线管，使之重现物体影像。"法恩斯沃斯充满自信，对于未来的目标设置非常明确。

　　"非常好，法恩斯沃斯，你继续努力，我相信你一定能发明出震惊世界的东西。"托曼老师对于摄像管的构想没有足够的能力加以指导，只能鼓励法恩斯沃斯，希望他在人生道路上发光发热。

用圆盘扫描影像只能出现模糊的画面。

法恩斯沃斯对"用电发送影像"的发明的热忱始终没变，即使高中毕业了，没能进入大学，他依然孜孜不倦地自修，学习电学方面的知识。这天在杂志上看到利用"尼普科夫圆盘"记录光学信号的文章。

"尼普科夫圆盘？利用眼睛的视觉暂留现象让静态的影像动起来，也是个方法，可是用圆盘扫描影像只能出现模糊的画面，不好，还是得靠电子，用电子扫描又快又精密，这样画面才会清晰。"

法恩斯沃斯不停的实验，发现利用阴极射线管将接收到的电信号射向荧幕，生成的光点会不停地闪烁，组成的画面很不稳定。法恩斯沃斯不停思考，却迟迟没能想出解决办法。

这天他因烦躁而外出散步，家乡农场上一排排的田垄突然浮现在脑海中，他灵光一闪：一深一浅的田垄不就像荧幕影像的分解吗？电子扫描出的一黑一白同样也能组成图案。法恩斯沃斯回到实验室，让电子光束分为单数与双数两组，以水平的方向进行分组交叉扫描，如同排列规整的田垄。实验发现这种交叉扫描的方式可以降低影像格与格间的闪烁，同时交叉扫描后组成的完整画面，还相当清晰。

这种如同田垄排列的交叉扫描方式，再组成完整画面，清晰很多。

法恩斯沃斯成功了，他完成了"用电发送影像"的发明，并申请专利，后来人们称这发明为"电视"。在 1936 年德国柏林奥运会期间，比赛实况被用电子摄像镜头拍下来，约有 16 万人通过电视观赏了奥运会。

1936 年

现在

科学大发明——电视

电视被公认为是 20 世纪人类最伟大的发明之一。

19 世纪电磁学应用在许多新式的电器发明上，脑筋动得快的人就想，既然声音可以利用电磁波发送，用收音机接收听到远方的声音，那么影像是不是也能同声音一样，利用电磁波发送，让远方的人们看到影像呢？这就是电视发明的原始想法。

电视画面是由许多明暗不同的光点组成，利用电子枪自左而右，由上而下的顺序快速扫描，将光点的信号转变为电的信号传播出去，电视机就是接收影像信号的机器。1883 年德国工程师尼普科夫首先提出利用钻孔的圆盘快速旋转，达成分解图像的构想，英国科学家贝尔德实现这个构想，于 1925 年宣布发明了机械扫描电视。1927 年法恩斯沃斯成功利用电子显像发送清晰的图像，发明了第一台电子扫描电视，机械扫描电视遭到淘汰。

1968 年，人们用液晶材料制成了液晶平板显示器件。它是通过显示屏上的

最早的电视是利用钻孔的圆盘快速转动来分解图像，先将影像转换成电子信号，通过发射器以电磁波发送出去，由天线接收之后再转成光信号，组成画面。

电压大小控制光在液晶分子上的强弱，电信号便能转为光信号，达到显示影像的目的，因此液晶电视不需要显像管，电视机不再笨重，而且荧幕更大，画质更清晰，平板电视很快取代了显像管电视。

　　电视为人类带来了视觉革命，它不只是影像传输工具，更是接收大量信息的视频系统中心，电视新闻、娱乐节目、电视广告等以强大的传播力量，将新知识、新信息快速传播出去，世界各个角落的动态都在电视屏幕上观看得到，整个世界似乎缩小了，电视成了现代生活中不可或缺的物品之一。

发展简史

1925 年

苏格兰人约翰·贝尔德发明机械扫描式电视摄影机和接收机，成功扫描并公开发送木偶图像，被称为电视之父。

1927 年

美国发明家费罗·法恩斯沃斯使用电视系统发送了他妻子的动态影像。法恩斯沃斯被称为电子电视之父。

1940 年

美国人古尔马研发出机电式彩色电视系统，电视机从黑白进入彩色时代。

科学充电站

彩色电视机的原理是什么？

　　现今我们有五彩缤纷的电视可以观赏，但电视刚发明的时候其实是黑白的，彩色电视一直到 20 世纪 60 年代才普及。彩色电视机的原理是什么呢？

　　彩色电视是贝尔德发明的。最初，他发明的机械电视画面只有黑白两色，他希望电视能和真实世界一样，拥有花花绿绿的颜色，于是将三原色理论运用在电视中。电视能够主动发光，光的三原色分别是红、绿、蓝三种色光，这三种色光叠加起来，可以生成其他颜色，例如红色和绿色叠加起来是黄色，全部色光加在一起成为白色。根据这个理论，贝尔德在他的电视设备中，设置了三个光源，以及三个螺旋盘，便可以形成彩色的图像。

　　这个原理后来也被应用在法恩斯沃斯发明的电子式电视上，方法是在电子式电视的显像管中设置三支电子枪，分别射出三原色的影像信号，在荧幕上排列在一起便生成七彩的颜色，如果将电视荧幕放大来看，会看见许多小小的三原色光点，这就是二十世纪后半叶流行的彩色电视机。

　　至于液晶电视的显像原理，则是在两片导电玻璃间置入液晶分子，通电后两边的电场会引起液晶分子扭曲，控制光源明暗而显示出影像，再加上彩色滤光片，就能生成彩色影像了。

电子枪　　电子束

由红、绿、蓝点形成的图像

金属网

彩色电视机的荧幕，是由很多小小的红、绿、蓝三原色光点组成。

迷你电视

按下开关，电视荧幕就会播放出影像画面。我们可以用自己的智能型手机当作电视荧幕画面，来动手做一台小小电视吧。

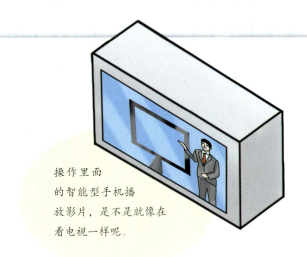

操作里面的智能型手机播放影片，是不是就像在看电视一样呢。

材料

牛奶盒

智能型手机

剪刀

胶带

步骤

1 将牛奶盒的头部剪掉，再将其裁成一半。

2 把智能型手机放入剪好的牛奶盒内，看看大小是否合适，裁去多余的部分。

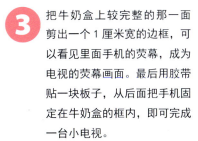

3 把牛奶盒上较完整的那一面剪出一个1厘米宽的边框，可以看见里面手机的荧幕，成为电视的荧幕画面。最后用胶带贴一块板子，从后面把手机固定在牛奶盒的框内，即可完成一台小电视。

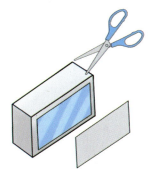

怎样让物体绕着地球转？

20世纪50年代，苏联的火箭研发小组正在埋头研究改良新一代的火箭。

"各位，听说美国正准备在1958年发射卫星，我们可不能输，一定要赶在美国之前发射卫星。小科，你是研发小组的组长，这项重大的任务就交给你了，能完成这项任务，人类历史上一定会留下你的大名。"部长郑重地宣布命令后就匆匆离去了，留给研发小组一堆问号。

"我们是研究开发火箭的，怎么突然之间变成发射卫星？"

"说发射就发射，哪有这么简单的事，这些长官一点都不知道摆脱地心引力是多么困难的一件事！"

"对啊！发射卫星容易，让卫星不掉落地面才难。"研发小组的成员七嘴八舌地抱怨起来，一致认为这是一件不可能办到的事。

"小科组长，你去跟领导讲，这项任务我们做不了，让领导去找其他研发小组做吧！"

"各位，请听我说，就是因为我们小组是研发火箭的，所以要发射卫星只有我们小组才办得到。为什么呢？各位想想，要发射卫星，不就是将卫星装在火箭上发射升空吗？要是我们这些火箭专家做不到，就没有人做得到了。谁要有能力发射卫星，谁就掌控了太空。一颗卫星在地球上空，能做的事有很多？监视、定位、探测，地面上做不了的事，未来都可以通过卫星来做，发射卫星的意义重大啊！各位，请和我一起努力，我们一起做一件其他人做不到的事。"

小科的一番话，深深打动了组员的心。埋怨的情绪一扫而空，取而代之的是跃跃欲试的振奋心情。

发射卫星的理论基础其实已经有了。早在 1687 年，提出地心引力定律的科学家牛顿先生就已经计算出来，如果要脱离地心引力，物体必须具备至少每秒 11.2 千米的速度。要达到这个速度必须具有强大的动力。当时动力最强大的 V2 火箭，其最高速度虽然可以达到每秒 15.3 千米，但只能飞到 60 千米高就会掉落地面。

"只要让卫星到达地球上空的一定高度，并且还具有一定的速度，那么卫星就会不停地绕着地球公转，不会掉到地面上，就和月球绕着地球公转一样。"组员 A 发表他的高论。

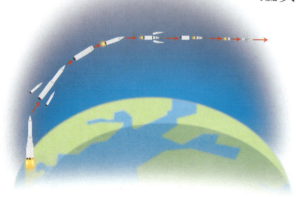

"我们现在的火箭速度虽然可以达到每秒 11.2 千米，可是动力能源没办法坚持 1000 千米那么长的距离，火箭飞不到这么高啊！怎么办呢？"

"我想，我们的火箭能不能利用接力赛跑的方式呢？在第一节火箭后继无力的时候，第二节火箭接棒，发力继续升高，再不行，由第三节火箭再接棒发力升高，直到卫星抵达一定的高度，还能带着前进的速度。"小科提出了解决方法，组员们一致认可，于是分工合作计算，终于确定这是可行的方案。

　　1957年10月4日，苏联成功发射第一颗人造卫星"斯普特尼克1号"，它从外太空以20～40兆赫的频率向地球发送无线电波信号，地面上无线电接收机可接收到，自此开启了人类探索太空的时代。

科学大发明——人造卫星

　　"斯普特尼克 1 号"是人类成功发射的第一颗人造卫星。它于 1957 年 10 月 4 日用三节火箭发射升空后，以每秒 8 千米的速度脱离地球，接着进入离地球 500 多千米高的轨道上，以 1 小时 48 分的时间绕行地球一周。1958 年初，史普尼克 1 号失去动力，脱离了地球轨道而坠落，共计围绕地球运转了 6000 万千米。史普尼克 1 号的成功发射意义重大，它代表的是人类能克服地域上的障碍，掌握全球通信，并拥有探索太空的科技能力，正式声明太空时代的来临。

　　1963 年，美国发射第一颗同步通信卫星。同步卫星指的是永远固定在地球上空某个位置的卫星，由于地球不断在自转，卫星环绕地球的速度只要和地球自转的速度相同，地球转到哪里，上空的卫星就在哪里，就如同永远固定在相同位置一样。这颗同步卫星不仅使用在通信上，之后更拓展到电视广播、天气预测、国防应用各个领域。

人造卫星功能多样，包括影像拍摄、天气预报、定位导航、电视电话、互联网等，消息可即时提供给世界各地的人们。

侦察卫星配备高分辨率摄像机，可以对地面上的所有景物进行拍摄，或发射无线电波，通过反射回来的信号分析地形信息。图为美国 DSP 红外线侦察卫星。

自第一颗人造卫星发射以来，地球上空已经环绕了 6600 多颗人造卫星，搭载着各项先进的高科技仪器执行任务。科学卫星进行大气物理、天文物理、地球物理等实验或测试；通信卫星作为电讯中继站，实现卫星定位；军事卫星为军事照相、侦察之用；气象卫星摄取云层图和有关气象数据；资源卫星摄取地表或深层组成的图像，为地球资源探勘之用；星际卫星可航行至其他行星进行探测。

⌛ 发展简史

1957 年

苏联发射人造卫星"斯普特尼克 1 号"。这颗人类史上第一颗人造卫星的外形像颗海滩球，直径约 58 厘米，重约 84 公斤。

1958 年

美国发射人造卫星"探险者 1 号"，这颗长 203.2 厘米、直径 15.2 厘米的细长形卫星，是美国发射的第一颗人造卫星。

1966 年

苏联发射第一颗环绕月球的卫星"月球 10 号"，是人类发射第一个环绕月球的人造卫星，主要任务是长期探测月球。

1970 年

中国发射"东方红 1 号"，成为继苏、美、法、日后第五个能独立发射人造卫星的国家。

通信卫星怎样传递消息？

无线通信主要倚赖电磁波传递消息，然而电磁波是以直线前进，在圆球形的地球表面上前进时总会遇到传递的死角。例如从西半球发射的电磁波无法环绕地球半圈射向东半球，或是地球表面上的高山阻挡，电磁波便越不过去而生成反射。

一颗通信卫星能传播的地域相当广大，只要三颗通信卫星就可以覆盖全球。

通信人造卫星的设置能排除这些阻碍，大大提高无线通信的性能。通信用的人造卫星在地球上空 1000 千米以上的轨道运行，卫星上出现了具有接收和发射功能的转发器，作为通信传播过程的中继站。地面发射的电磁波先射向人造卫星，由卫星接收后，经过转发再将电磁波射向地球的另一个角落，由于卫星轨道离地面很远，天线波束能覆盖地球广大的面积，这样一来，电磁波的传播就能超越地形的限制，实现地面上远距离通信。

通信卫星弥补了海底电缆通信的不足，通常使用在移动通信上。例如在远洋上行驶的船只或在高空飞行的飞机，卫星通信为其提供了最佳的通信装备。

全球定位系统

现在常用的 GPS 全名叫做全球定位系统，是利用在地球上空 2 万公里高的 24 颗卫星来定位。在地球表面绝大部分地区，只要发射信号，都有卫星能接收到，并且立即反馈该地点的经度、纬度、高度和时间的消息，并将这些消息显示在地图上。

卫星模型

在太空中绕着地球运转的人造卫星是人类向宇宙发展的先锋，也帮助我们将信号传到更遥远的地方，让整个世界变得很小。我们来用身边的材料做一个人造卫星模型吧。

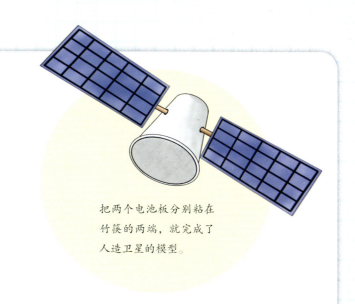

把两个电池板分别粘在竹筷的两端，就完成了人造卫星的模型。

材料

纸杯

竹筷

塑胶板

图画纸

马克笔

颜料

剪刀

胶水

步骤

1 将一根竹筷从纸杯中间贯穿，竹筷两边的长度要相等。

2 用图画纸剪切一个与杯口大小一样的圆并粘在杯口，接下来把纸杯涂上颜料作为人造卫星的本体。

3 用蓝色的塑胶板剪出两个长方形，并用麦克笔画出几条线，这是卫星的太阳能电池板。

电话能
随身携带吗？

我会让你刮目相看的。

"乔治先生，您好，我叫马丁，我知道您正在研发无线电话，我对这个题材很感兴趣，请让我担任您的助手，研究开发无线电话。"

年轻的马丁好不容易才见到他崇敬的乔治先生，能在这位知名的无线电通信专家手下任职，是他从小的愿望。

"我已经研究很多年了，依然没有进展，就凭你有兴趣？别再浪费我的时间，你走吧！"

没想到乔治先生很不客气地拒绝他，被赶出门的马丁愤怒了，他对着那扇在他面前关闭的大门说："终有一天，我会让您正眼看我，乔治先生。"

后来马丁在一家通信公司任职，他孜孜不倦地学习有关通信的知识，也勤奋地研发无线电话，15 年过去，但是一直没有进展。而对手公司已经研发出可携带的电话了，虽然那是一台又重又大的机器，得由一个人背着天线和电台，另一个人才能通话，只有军方在使用。马丁想发明的是轻巧的无线电话，体积小，可以一边走路，一边讲话，这才是他梦想中的无线电话。

有一天马丁读到一则最新的研究报告：在通信中，电波范围通常以圆形来计算，但为了节约建置成本，使用六角形格线

是最好的选择，这样形成的网络形状就像个蜂窝，因此称为蜂窝网络。采用蜂窝网络，在终端和网络设备之间以无线电连接起来，用户在移动中可以相互通信，称为蜂窝通信。

"太好了，这篇研究报告真是太有价值了！如果能把蜂窝网络用在电话上，不就能在移动中通话了吗？"

马丁认为只要将蜂窝通信建置起来，无线电话机就不需要那样笨重，体积可以减小，现在要解决的问题还有发射无线电的功率、电池的供应，等等。马丁非常兴奋，充满干劲，尽管要解决的问题还很多，但是他知道核心的通信技术就在那里，其他的都是小事。

"我们可以把一个地理区域划分成许多小区，这样就不需要建置大功率的发射器，只要在每个小区中的基地站建置一个小功率发射器就可以了。"马丁向公司上层

报告他的蜂窝电话的想法。

　　"可是这些小功率发射器发射的电波范围很有限，越过小区后电波变弱，那电话还能听到声音吗？"有人提出疑问。

　　"这个问题不难解决，同一频谱的电磁波可以被另一个小区的基地站接收到，所以即使电话机在移动中，也可以持续接收到电波，也就能通话了。"马丁自信地报告他的研发结果。

　　三个月后，马丁带着他新发明的移动式电话来到大街上，这个移动式电话重达 1 公斤，拿在手上像个砖块，但是已经比军用的无线电话轻巧了许多，马丁伸出手指在移动式电话上拨出一组号码，电话接通了，传来一声"hello"，马丁得意地对那头说："乔治，我正在用一个无线电话和你通话，一个真正的移动电话。"

科学大发明——移动电话

移动电话又叫做手机，是现代人出门必备的工具。手机功能非常强大，除了可以随时通话之外，小小的手机还有电子钱包功能，可以付账、搭车，迷路时导航，查找天气状况，无聊时还可以打游戏，可以说是一机在手，万事皆行。

很难想象，如此重要的手机从发明到今天还不到50年。世界上第一部手机是1973年由美国人马丁·库帕发明，当时这部手机体积大而且重，拿在手上像是拿着一块砖块。拿着"砖块"讲话也讲不了太久，因为手会酸，而且这部手机的通话时间只有35分钟，充电时间却需要10小时，这部被称为黑金刚的巨大手机只有拨打和接听电话两种功能。虽然外形笨重，它却打开了一个新时代。

黑金刚问世之后，针对黑金刚改良的移动电话像雨后春笋般出现。首先针对黑金刚个头大、重量重、不利于携带的缺点减重塑身，同时手机还要保护按键，以免不小心碰触而拨出电话。1995年，一部轻巧还带有揭盖的手机面世了，而且它还能发送短信。随着技术不断更新，手机的体积越来越小，售价越来越便宜，功能越来越多，能听音乐、照相，还能上网、收发电子邮件等。

第一代手机被发明之后，移动电话的造型和功能
不断改良，更新换代的速度快得惊人。

智能型手机像一台随身携带的小型电脑，可以查询天气状况、依导航功能查找目的地，可以预约出租车、听音乐、看剧，无聊时还可以打游戏等。

1998 年，智能型手机开始发展，智能型手机像一台便携式的小型电脑，发挥了强大的功能，如购物、订餐、娱乐、购票，凡是互联网能提供的服务，智能型手机几乎都能办到。手机的便利性已经深入现代化的生活中，成为人们不可或缺的随身工具。

发展简史

1902 年

美国发明家内森·斯塔布菲尔德在自己的住宅内架设天线，利用电磁波将声音传递到另一台电话里，距离大约 400 米。

1943 年

第二次世界大战时，美军无线电话问世，必须由一个人背着天线和电台，另一个人才能通话。

1973 年

马丁·库帕发明可携式移动电话，这部命名为 DynaTAC 8000X 的移动电话，是所有移动电话的始祖。

21 世纪

智能型移动电话除了通话、拍照的功能，也支持上网、导航，并可依据个人需求安装各种应用程序，智能型手机成了人们随身携带的重要物品。

为什么可以一边移动，一边通话？

移动电话，最重要的功能就是可以随身携带，移动时依然能保持通话。它的基本原理和电话相似，不过电话是将声音频号转换为电信号，通过电话线传递；移动电话则是将声音频号转化为射频信号，通过无线电波传递。可是当你带着电话远离发射台时，电波信号为什么不会变弱？这要归功于蜂窝式移动通信的发明。

一般固定式电话有区域的电话交换机，而移动通信靠的是建置蜂窝式小区的小型发射台，每一个小区都各自有一个发射台，在手机开机后，便会持续不断地检测附近哪一个基站的信号强，并且锁定信号最强的基站，作为通信用的电波。

而当我们离开原来小区，到达另一个小区时，原本基站的信号变弱，手机便会重新锁定切换到所在小区的基站。就这样，不管到哪

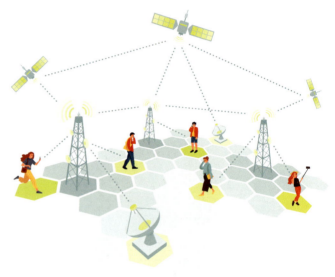

手机的英文名称是"cellphone"，"cell"在这里的意思是网格，也就是将手机能接收信号的最大范围，切成一个个蜂窝状的网格，每个网格创建一个基站，手机能够自己搜寻信号最强的基站，保持通信。

里，通过不断重复检测、选择、锁定、切换等进程，手机便能保持最强的电信号。

当然，如果手机所在地没有设置任何基站，例如深山，手机就无法通信了。

荧幕触摸笔

现在的智能型手机都可以用手指或是触摸笔在荧幕上滑动写字，没有触摸笔的话，我们也可以用棉花棒做一支呢！试试看吧。

用包了铝箔纸的一端在手机荧幕上点点看吧。调整铝箔纸触摸的尖端，让你更方便操作。

材料

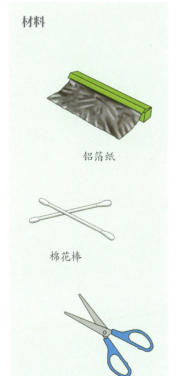

铝箔纸

棉花棒

剪刀

步骤

1 用棉花棒试着在手机荧幕上点点看，能不能滑动屏幕呢？

2 剪一小块铝箔纸，不用太大，能包住棉花棒即可。

3 把棉花棒的一端用铝箔纸包起来。

怎样让光信号在玻璃管中传递？

"小高，你在想什么？想得这么入神，喊了你三声了，都不见你回应。"

"是学长啊！没什么啦，我正在看这篇关于红外光镭射发送信号的论文。"

"这篇论文你不是看了好几遍了，怎么，有什么想法吗？"

"这篇文章很好，但我对于光在玻璃中会严重衰减的说法，有些不以为然。"

小高是一家电信企业的工程师，主要研发长程通信。在

1959 年镭射发明之前，长程通信最热门的研发方向是用铜线环绕的空心管来发送微波信号。由于红外光镭射的频率比微波高 100 万倍，即在同一时间内能发送的消息量是微波的 100 万倍，因此镭射发明之后，电讯业者非常希望能用红外光镭射来发送信号。遗憾的是，红外光镭射无法在铜线环绕的空心管中前进，长程发送光信号便遇到障碍。

发送光信号的另一个方法是利用相邻的不同折射率物质所生成的全反射特性，让光前进。玻璃具有透明度，是适合让光发挥全反射特性的物质，但实验后发现，光在玻璃中的衰减非常严重。也就是说，光透过玻璃射出去后，光的强度会衰减，这也意味着光信号会跟着光强度变弱，那信号根本就传不远，这又让长程发送光信号的优化方案遇到问题。解决的关键是发送光信号的材料，一种不会让光能量衰减的材料。

"小高啊，现阶段投入长程通信的研究都遇到了瓶颈，只有理论，却找不到理想的材料来实践，既然你对光在玻璃中会严重衰减的说法不以为然，那你有什么想法？"

"我认为长程发送光信号的材料还是玻璃适合，但首先要解决的是玻璃中光衰减的问题。根据我的研究，光在玻璃中的衰减主要来自于三项因素：玻璃分子的吸收与散射，玻璃分子结构不规则的影响，以及玻璃中杂质的吸收与散射。其中玻璃中的杂质可能是最主要的因素，我想只要能去除玻璃中的杂质，一定能让光能量不再衰减。"

学长愣愣地看着小高，不知道这个想法是不是真的能变成现实。

小高的想法做起来并不容易，小高到处拜访知名的玻璃制造工厂，但制造玻璃的工厂只想做出造型优美的玻璃制品，对于如何提高玻璃透明度没什么兴趣。小高没日没夜地在实验室埋头研究，锲而不舍地测试各种方法。

"果然高温可以让玻璃中的部分杂质气化，但是生成的气泡得想办法去除，这样玻璃才能更纯净。"

"加热玻璃的温度再高一些试试看，再增加搅拌时间，液体玻璃中的气泡应该会消失。学长，你看，这玻璃丝是不是更透明、更纯净了。"

"看起来是很透明，但你知道的，肉眼观察不够精准，还是得有个测量的仪器，做精确的测量，才能证明这玻璃改善了光的衰减率。"

"学长说的没错，测量光衰减变化的仪器，也得靠我们发明出来，这样才能精确测量出光信号的衰减变化。"

小高终于实验成功，低杂质的玻璃纤维经测试后，光信号的衰减率达 0.1%。红外光镭射能够在石英玻璃纤维中前进，解决了光在长距离传递衰减消耗高的难题。

科学大发明——光纤

　　1966 年，美籍华人高锟博士完成划时代的实验，证明高纯度的石英玻璃纤维可以长距离传递消息，并提出当玻璃纤维的衰减率低于每千米 20 分贝时，光纤通信即可成功。

　　光纤是光导纤维的简称，是由高纯度玻璃制成的，像纤维细丝一般的导管，光在纤维导管中以全内反射原理传输光信号。纤细的光纤封装在塑胶护套中，使得它能够弯曲而不断裂，呈现软管的形态。

　　在光纤还没有发明之前，科学家让发送信息的镭射光透过大气传播，期望镭射光的超大能量能实现无线通信。但由于受到大气气候和地理条件的影响，光随距离增加能量减弱，信号耗损极大，传输质量不佳，于是科学家对于镭射通信研究的关注便由无线转为有线的方式，设法为镭射光提供一种理想的有形通路。但局限于光在玻璃中会严重衰减的障碍，迟迟无法做到长程通信，直到光纤发明。

　　光纤镭射频带宽、纯度高，光线不容易扩散，光能量衰减率低，具有很好的方向性。这些特点使得光纤被广泛用于长

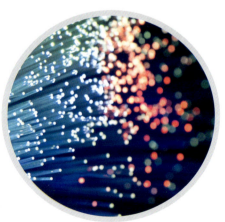

为了保护脆弱的玻璃纤维，将光纤套在软管中，称为光缆。

光纤是高纯度的玻璃制成的纤维细丝，以镭射光传输光信号。

距离的信息传递，包括互联网、云计算、影片下载等。有了光纤，信息传输速度快了许多，因而光纤被比喻为信息的高速公路。提出革命性的光纤通信理论的高锟，则被称为"光纤之父"。

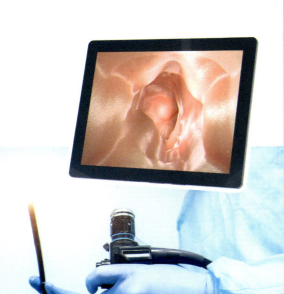

医学上使用的内视镜也是利用光线能够弯曲并传输信号的神奇特性。内视镜光纤的一端设备发光体，将光照出的影像转为光信号，经由光纤传输到另一端的接收器，屏幕上便能看到内视镜照出人体内部的影像。

⏳ 发展简史

1960 年

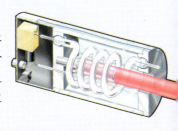

美国人梅曼发明红宝石镭射器，红外光镭射单位时间发送的消息量是微波的 100 万倍。

1966 年

美籍华人高锟博士提出光纤通讯的可行性，并以实验证明高纯度的玻璃能长距离传递光信号。

1970 年

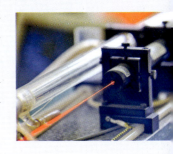

美国贝尔研究所研发出半导体镭射器，光纤和镭射器的重大突破，加速实现光纤通信的进程，这一年被认为是光纤传输元年。

1977 年

世界上第一个商用光纤通信系统在美国芝加哥市激活。此后世界各国开始发展光纤通信。

为什么光能随着光纤转弯？

大家都知道，光是循着直线前进，遇到障碍物也不会转弯，但是在光导纤维中，却能随着光纤弯曲前进，这是什么道理呢？

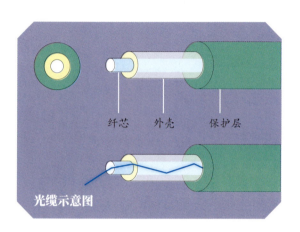

纤芯　　外壳　　保护层

光缆示意图

原来光还有一个"全内反射"（又称"全反射"）的特性。当光从一个环境进入另一个环境，例如由水进入空气时，通常会产生折射现象，随着入射的角度不同而生成不同的折射角度。但是当光线以超过 48 度的入射角要离开水面时，光线却因无法进入空气，而在交界面生成全反射。这个特性非常神奇，也就是说，只要找到光线从空气进入玻璃的全反射角度，就能让光线锁在玻璃的介面中，再也逃不出去，于是纤细的玻璃细丝弯曲，光也就跟着弯曲，这就是光纤通信的原理。

光纤通信具有传输容量大、速度快、保密性高等优点，由于光纤技术成熟，材料成本也不断下降，当前光纤技术不但应用于长距离通信，也广泛运用在医疗器材中。

光纤能在软管中弯曲，使用光纤传导电信号，传递 12000 公里的距离大约只需要 0.06 秒时间。

光线会转弯

光线全反射的原理可以让光线在光纤中沿着导管前进而不失去能量，从以下的实验中，可以观察到光线跟着水柱转弯的现象。

拔出瓶底部的竹签，水会从洞口形成一条细细的水柱流出来，可以发现光线也跟着水柱一起弯曲。

材料

铝箔纸

剪刀

宝特瓶

水

手电筒

胶带

竹签

步骤

1 用铝箔纸紧紧包住整个宝特瓶，并用胶带黏好固定。

2 在宝特瓶底部钻出一个小洞，并且用一小截竹签塞住洞口。

3 水倒入宝特瓶中之后，把房间的灯关上，并且打开手电筒，从瓶口使光线照射进入瓶子里。

怎样让电脑网络连接起来？

20 世纪 60 年代美国和苏联两大强国对峙，在军事、科技上谁也不肯服输，更希望能渗透破坏对方的指挥中心。

在美国国防部的一次内部会议上，部长提出了他的忧虑："如果我国的军事指挥中心被苏联的核武器摧毁，全国的军事指挥一定会陷入瘫痪，后果将不堪设想。因此有必要设计一个分散的指挥系统，再通过通信网将这些分散的指挥点相互连接，如果其中一个指挥点遭到破坏，其他的指挥点也不会受到影响。"

“部长，您考虑得非常长远，这是一项高科技，要达到这样的目标，我建议找科学家来领导这个部门。”

美国国防部很快成立了高级研究计划署，核心部门“信息处理技术办公室”由鲍勃担任负责人。

“链接通信的信息处理技术，就从链接这三台终端机开始吧！”

这些电脑互不兼容，真烦人。

进入这个办公室开始工作半年多了，鲍勃快被这三台终端机给烦死了。这三台终端机的主机分别放在三所大学里，这三所大学都是计算机界的先进研究单位。三台终端机互不兼容，各有各的语言程序、操作系统和连接主机的方式。每当需要在主机上下载数据或计算程序时，三套各自的程序和指令就让他头疼，繁琐而且费时，终端机的问题天天纠缠他。

“如果这三台终端机能沟通链接，那该有多好、多方便。”鲍勃忍不住这样想，并决定要将想法落实。

“报告署长，我打算将这三台机器相互链接沟通，以后

各地的研究小组也可以通过网络链接，实现消息、资源共享，重要的是，其中一个主机要是损毁，透过网络链接，其他主机还是能够运作，就如同部长希望资讯系统达到的目标。"

"说很简单，但能做得到吗？"署长有些疑虑。

"不难，只要找到精通电脑语言和远程通信技术的人才。"

鲍勃知道自己不是这方面的人才，因此他找来了专家拉里。拉里在自己研究室里曾让两部电脑链接起来，鲍勃知道要想让几台电脑链接起来，这个人非拉里莫属。

"鲍勃，你知道的，现在每一台电脑都各自为政，用自己的指令开机，用自己的程序运算，电脑和电脑之间不能兼容，如果电脑和电脑要链接起来，首先就必须有共同的电脑语言，这样数据才能从这部电脑发送到另一部电脑。"

"这道理我懂啊，问题是怎么让电脑有共同的语言，要开发新的电脑语言吧！"

"没错，通信技术也得开发，才能传输电脑里的数据。"

拉里接下了研究开发网络进程的任务，初步的目标是创建参与研究的 16 个工作小组都使用共同协议的电脑语言，接着设计一项新的通信技术，使 16 个工作小组中的 35 台电脑能相互传输电子邮件。

"怎么样，收到邮件没有？"

"噢！收到了，成功了，拉里，你太厉害了！"

拉里开发的网络进程成功将 35 台电脑链接，每天可以传输 50 万份电子数据，实现了不同电脑之间的数据共享，为后来的互联网发展奠定了基础。

科学大发明——互联网

现在你写一封信给住在远方的朋友，当然不是用笔写在纸上，而是在电脑上用键盘打字。写完信，点击鼠标发送，几秒内远方的朋友就接到你的信件了，这就是互联网的服务。

什么是互联网呢？简单地说，每台电脑都有自己的"地址"，通过远程的服务器，将不同电脑串联起来，一台电脑里的数据便能传递到另一台电脑上，即使你的朋友住在美国、英国，只要通过电脑网络，都可以在几分钟内通信、发送影像。

互联网最初的发展是在 20 世纪 60 年代，由美国国防部开始的，最初串联的电脑只有三台参与研究计划的大学主机。1972 年美国工程师汤林森首先以 @ 字符作为电子邮件地址的分隔符号，它表示某人在某一机构。有了电子邮件网址，连接两台电脑的网络就能完成邮件传递，从此人类的通信再也不受时空的限制，零距离的信息传播带给人们前所未有的神奇体验。

当前互联网的普及率约 62%，也就是全球大约有 48 亿人都在使用互联网服务，作为通信和信息分享交流的工具。

借助互联网，人们可以通过通信软件、电子邮件、网络电话等，跨越地理限制零距离沟通，手机和电脑中的文本、影像等文件，也可以彼此分享的。

互联网已经成了现代通信不可或缺的必要设备。现代人随身携带的智能手机中，互联网承载许多应用程序，包括万维网、社群媒体、电子邮件、行动应用程序、多人电子游戏、互联网通话、文件分享等。使用即时通信系统和亲朋好友发送消息、收发照片，还能靠智能手机导航、查找美食地图、看电视节目等。如果没有了互联网，智能手机就只是一部移动电话。

发展简史

1969 年

美国高级研究计划署发布第一个链接电脑信息处

理技术的网络"阿帕网"（ARPA网），这是互联网的前身。

1971 年

美国工程师汤林森在两台链接的电脑上完成了邮件传递。首先以 @ 字符作为邮件地址的分隔符号，它表示某人在某一机构。

1973 年

美国施乐公司于 1973 年开始研发以太网络，1976 年罗伯特·梅特卡尔夫将公司内部的数百台电脑链接在一起，建构了局域网络。

1990 年

科学家伯纳斯·李写出第一套HTTP代码，是互联网上用来传输网页的语言，同时创造

一个具有浏览器功能的软件，这就是万维网。

什么是万维网？

现代人常说的上网、找数据，指的是打开电脑后，进到"万维网"的浏览器查找数据。万维网是互联网提供的服务之一，概念是将所有文本和多媒体消息格式化，全球都统一使用电脑看得懂的语言，就可以彼此分享、浏览，许多网页网址开头的"www"，就是万维网 (World Wide Web) 的英文缩写。

怎么利用万维网查找数据呢？方法很简单，只要在浏览器的网页字段上输入查找数据的关键词，例如"互联网"，页面很快会列出许多互联网相关的条目，每个条目点开都是一个网页，挑选想要阅读的条目，再点进链接，详细的网页就出现了。比起在图书馆中经由书目索引，一本一本书查找相关数据，万维网方便许多。

万维网是文件、图片、文本、声音、动画等资源的集合，这些数据来自全球各地，任何人想要发表自己的研究成果，只要以统一的电脑语言编辑文本、图片、多媒体成网页，再上传到万维网上，供全球世界各地的人通过浏览器查找。

网页是将所有文本、图形、声音数据转换成电脑看得懂的语言，再通过万维网与全世界分享。万维网并不等同互联网，而是互联网所提供的服务之一。

智能手机

互联网连通着整个世界，我们只要有智能型手机就可以连上网络，用各种软件或应用程序与别人有所接触。一起来做智能手机吧。

画出你
喜欢使用的
手机应用程序，
用细铁丝固定并用胶带
粘在手机上吧。

材料

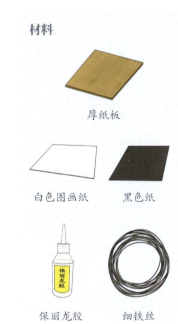

厚纸板

白色图画纸   黑色纸

保丽龙胶   细铁丝

胶带   剪刀

步骤

1 在厚纸板上剪裁出想要的手机尺寸大小，并且将4个角修平整圆滑。

2 将纸板的正、反面及侧面，都粘贴白色图画纸。

3 剪一块适当大小的黑色纸作为手机荧幕，并贴在其中一面上，下面画一个圆圆的开机键，就有了一部用纸做的手机了。